我的小问题·科学

速 度

[法] 塞德里克·富尔 / 著
[法] 夏洛特·德利涅里 / 绘
唐 波 / 译

北京时代华文书局

什么是速度？
第4—5页

为什么雨果跑得比马泰奥快？
第6—7页

什么是汽车变速器？
第8—9页

当我们坐着时，会以什么样的速度移动？
第16—17页

物体的形状会影响它的速度吗？
第18—19页

什么是声障？
第24—25页

我们眨眼的速度有多快？
第26—27页

为什么我们总是先看到闪电，后听到雷声？
第28—29页

我们的机械设备会越来越快吗？
第10—11页

道路限速有什么用？
第12—13页

自行车的变速系统是怎么工作的？
第14—15页

跑得最快的动物是什么？
第20—21页

风是从哪儿来的？
第22—23页

目前我们能测量到的最快速度是多少？
第30—31页

我们可以测量蜜蜂拍打翅膀的速度吗？
第32—33页

关于速度的小词典
第34—35页

什么是速度？

旅途的**持续时间**取决于我们所乘坐的交通工具。如果乘坐飞机，我们就会更快一些；如果乘坐汽车，我们就会更慢一些。然而，这个**距离**是相同的。

速度是指一个物体或一个生命体在一定时间内（比如 1 秒或 1 小时）移动的距离。

通常，速度用**千米每小时（千米 / 小时）**来表示。当我们说一辆汽车以 85 千米 / 小时的速度行驶时，意味着在始终以相同速度行驶的情况下，这辆汽车跑完 85 千米的距离需要 1 小时。

对于移动得非常快的物体，我们可以以米每秒（米／秒）或千米每秒（千米／秒）来衡量它们的速度。国际空间站以 27 600 千米／小时的速度绕地球旋转，相当于 7.6 千米／秒。

蜗牛以行动缓慢而闻名。它的最高爬行速度大约是每小时 4 米。它需要极大的耐心，才能爬完 1 千米。

速度无所不在！

我们在其他情况下也会谈到速度。举个例子，当你在很短的时间里整理好了房间时，我们就会说，你做得真快。

为什么雨果跑得比马泰奥快？

雨果比马泰奥高，他迈出的每一步的距离都要比他弟弟马泰奥迈一步的距离长。

雨果**步子**的**幅度**更大。为了到达同一个地点，马泰奥必须比雨果迈出更多的步数。即便他俩跑步的**持续时间**相同，两个人跑过的**距离**也是不一样的。

通过锻炼，雨果和马泰奥都能改善自己的身体**机能**。他们的肌肉会变发达，他们的呼吸会更适应锻炼过程，他们的动作会变得更快。

短跑适合身材高大、肌肉发达且腿长的人；**耐力**运动则适合身材矮小轻盈且肌肉细长的人。

牙买加运动员尤塞恩·博尔特是世界上跑得最快的人。

他曾用 9.58 秒跑完了 100 米，创造了世界**纪录**。他也成了世界冠军和奥运会冠军。他的步幅将近 2.7 米，他的最快跑步速度达到了 44.72 千米／小时。

什么是汽车变速器？

开车过程中，驾驶员经常会使用变速杆来换挡。换挡可以使**发动机**的**动力**适应汽车的不同需要。

变速器是一组带齿轮的**传动装置**。

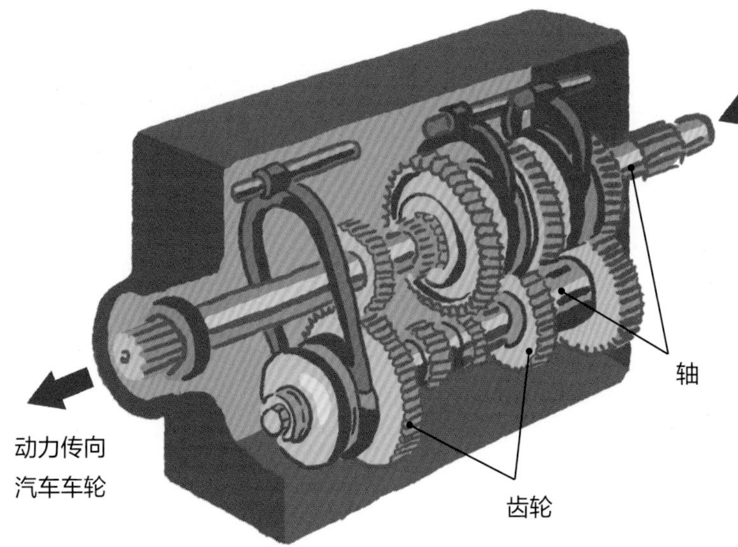

发动机使一些齿轮运转起来。这些齿轮之间相互啮合，并通过一些被称为“轴”的杆子将**运动**传递给车轮。

汽车一共有五挡或六挡速度。根据所选挡位的不同，车轮的转速会比发动机转速快或者慢。

如果发动机驱动红色齿轮，那么红色齿轮会使黄色齿轮慢慢转动。红色齿轮必须转三圈才能使黄色齿轮转一圈。

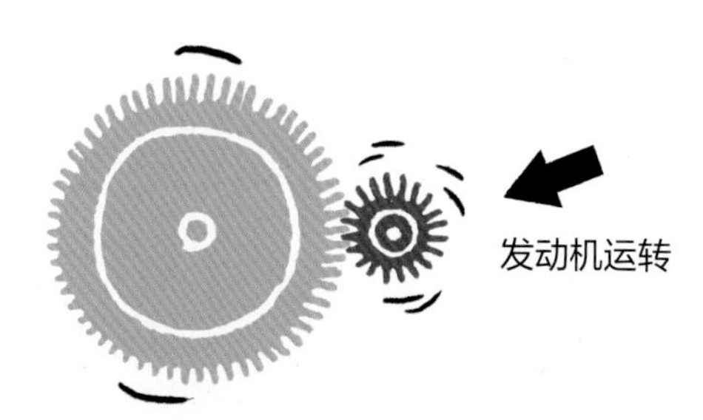

这是第一挡速度：汽车需要很大的动力，但是行驶得很缓慢。

如果发动机驱动蓝色齿轮，蓝色齿轮会使红色齿轮快速转动。蓝色齿轮只需要转一圈，红色齿轮就可以转两圈。

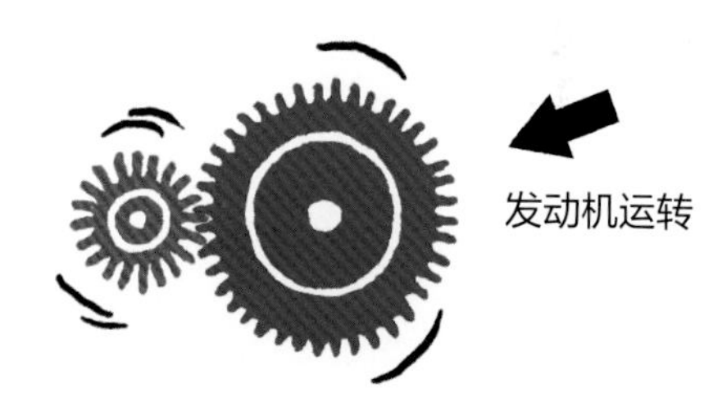

这是第四挡速度：汽车行驶得很快，但是需要的动力较小。

为了理解发动机动力与汽车速度之间的关系，你可以想象你正在推一个装满水的木桶。当木桶开始滚动并且速度快起来的时候，推动它更容易。

我们的机械设备会越来越快吗？

人类一直在力图提高交通工具的速度。为此，人们设计了各种机械设备。

发动机的**动力**越强，机器就会运行得越快。超音速推进号（Thrust SSC）是一种陆地车辆。凭借其两台巨大的发动机，它保持着轮式车辆的速度**纪录**，车速超过 1 200 千米/小时。

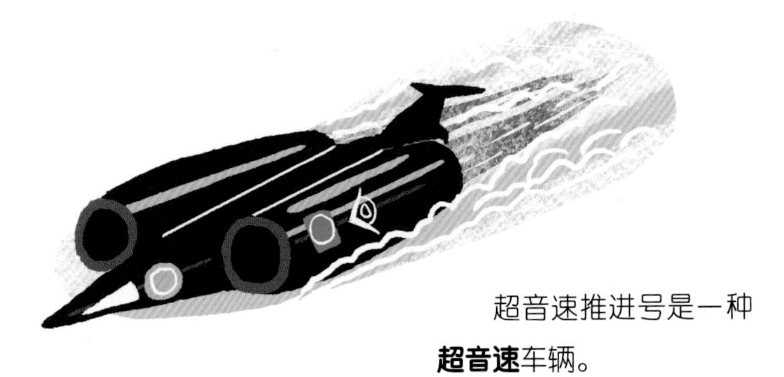

超音速推进号是一种**超音速**车辆。

在铁轨上，“马拉德号”蒸汽机车曾创造了 202.8 千米/小时的速度纪录。后来，电力火车的速度又上了一个台阶，法国高速列车（TGV）的行驶速度达到了 574.7 千米/小时。

2015 年，磁悬浮列车的速度达到了 603 千米/小时。它在轨道上方**悬浮**着前行，也就是说，它与轨道是没有接触的。

为了改善机械的**性能**，我们还可以使其变得更轻。

为了减轻某些部件的重量，飞机制造工程师会使用一些轻型材料或**复合材料**。

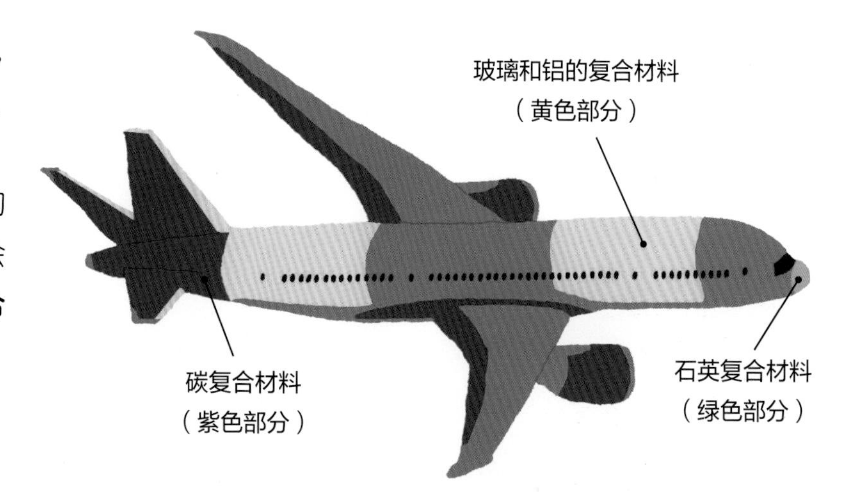

小实验

轻盈度测试

准备一个滚珠和一张纸。

1. 将纸揉成一个滚珠大小的纸团。

2. 将纸团和滚珠放在桌上，然后对着它们吹气。

3. 纸团比滚珠轻，因此比滚珠更容易滚动，滚动的距离也更远。

如果重量更轻，飞机在空中可以移动得更快。它只需要较少的动力便可前进，所消耗的能量也就更少！

道路限速有什么用？

道路上的行驶速度有限制是为了我们的安全，遵守这些**车速限制**能减少交通事故的发生。

这些车速限制是根据道路的宽度或曲度计算出来的。

在紧急刹车情况下，速度**过快**会增加汽车的制动距离。当路上出现一个障碍物时，以 30 千米 / 小时的速度行驶的驾驶员从发现障碍物到踩下制动踏板的这段时间，汽车已经行驶了 8 米。而踩下制动踏板后，汽车要继续行驶 5 米才能完全停下来。

如果汽车以 50 千米 / 小时的速度行驶，在司机看到障碍物后的反应时间内，汽车已经行驶了 14 米，刹车后又行驶了 14 米。28 米的距离对于避免交通事故来说太长了。

高速行驶并不会为我们节省很多时间。举个例子，在高速公路上以 140 千米 / 小时的速度行驶 100 千米，只会比以 130 千米 / 小时的速度行驶同样的距离节省 3 分钟！

交通警察会对超速驾驶的行为进行管制，为此，他们会使用**雷达测速仪**等设备。

小实验

碰撞测试

1. 首先，用乐高积木拼一辆玩具小汽车，用纸制作一个立方体。

2. 将立方体放在小汽车前面，然后将小汽车朝墙的方向推动。

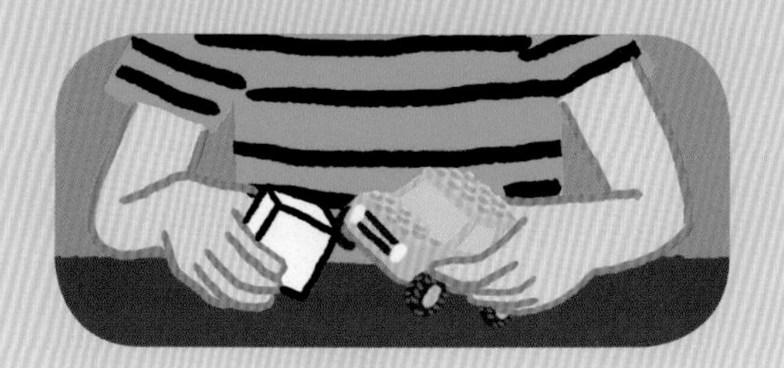

3. 当小汽车以低速行驶时，撞到墙上后纸立方体不会变形。而当小汽车以高速行驶时，撞到墙上后纸立方体会严重变形。

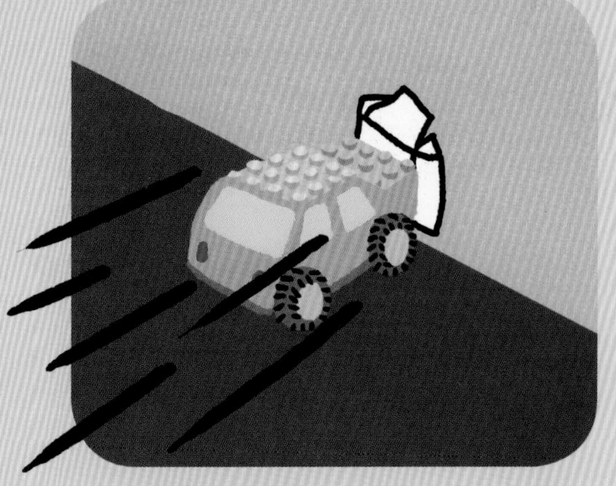

可见，交通事故发生时，速度会影响撞击的严重程度。

自行车的变速系统是怎么工作的？

自行车没有发动机，它前进所需的动力是由骑车者提供的。自行车的各挡速度能让骑车者根据**路线**的难度来调整自己的蹬车力度。

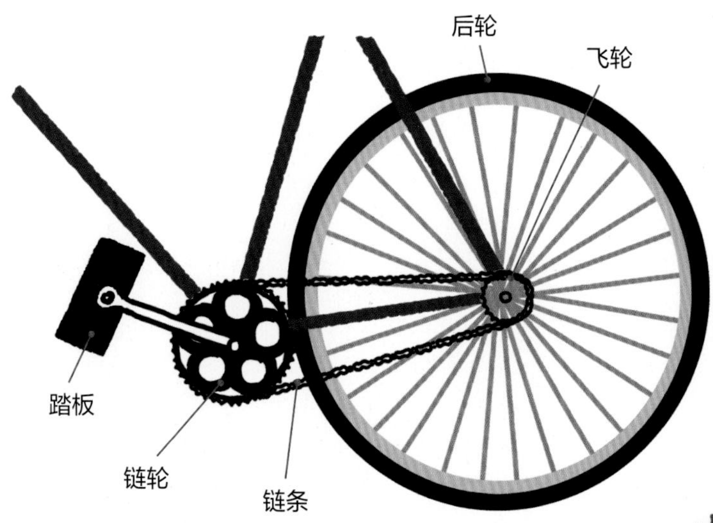

在一辆自行车上，踏板与**链轮**连接。链轮是一个大齿轮，通过链条与**飞轮**连接。飞轮是后轮上的一个小齿轮。因为有了链条，踏板的**运动**从链轮传递到了飞轮和车轮上。

配备了 3 个链轮和 4 个飞轮的自行车可提供 12 挡不同的速度，也就是说，有 12 种方式将链轮与飞轮用链条连接起来。

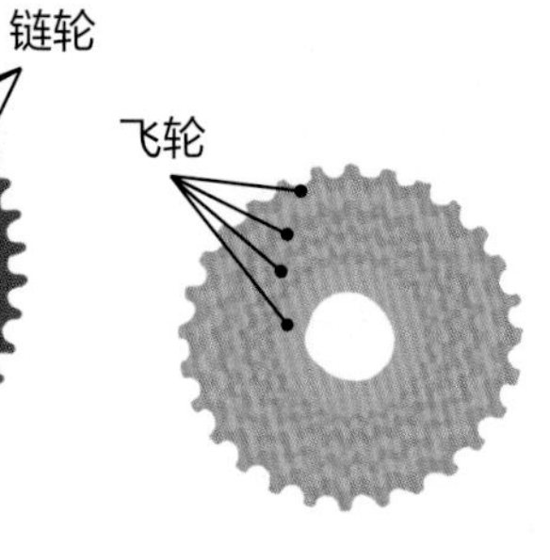

上坡时，需要将链条调到小链轮和大飞轮上。这时，虽然行进速度比较慢，但是无需用太大的力气。

下坡时，情况正好相反：链条要调到大链轮和小飞轮上。在平地上骑行时，链条要调到中间位置，也就是位于第二个链轮和一个**居中**的飞轮上。但要注意，这种情况下想要骑得很快又不费力气比较难！

当我们坐着时，会以什么样的速度移动？

物体的速度不仅仅取决于物体本身，还取决于我们测量速度时所处的位置。

根据我们所处位置的不同，同一个物体可能是**静止**的，也可能是**运动**的。所以，我们说速度是**相对**的。

一个坐在火车站站台上的人看到的是静止的指示牌和快速行驶的火车。

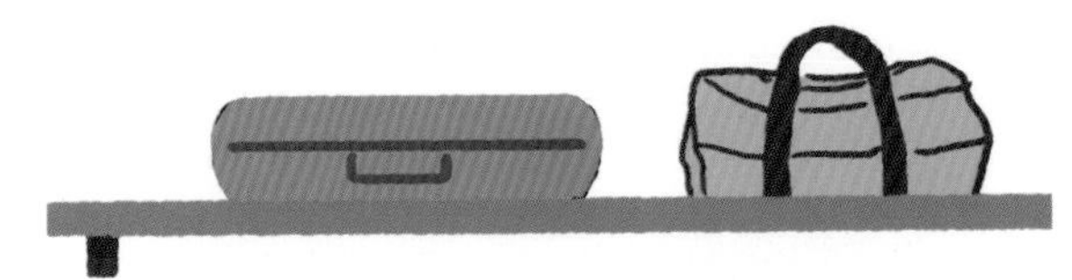

火车上的乘客看到他所乘坐的火车是静止的。相反，他看到的指示牌以及坐着的人却在快速移动。

这个小孩和爷爷坐在法国图卢兹的一张长椅上。他们是静止的，他们的速度为零。

但是从太空看的话，情况就不一样了。我们生活的地球一天会自转一圈。从太空看，地球上的人在以 1 200 千米/小时的速度移动，他们在 24 小时里移动了近 29 000 千米。

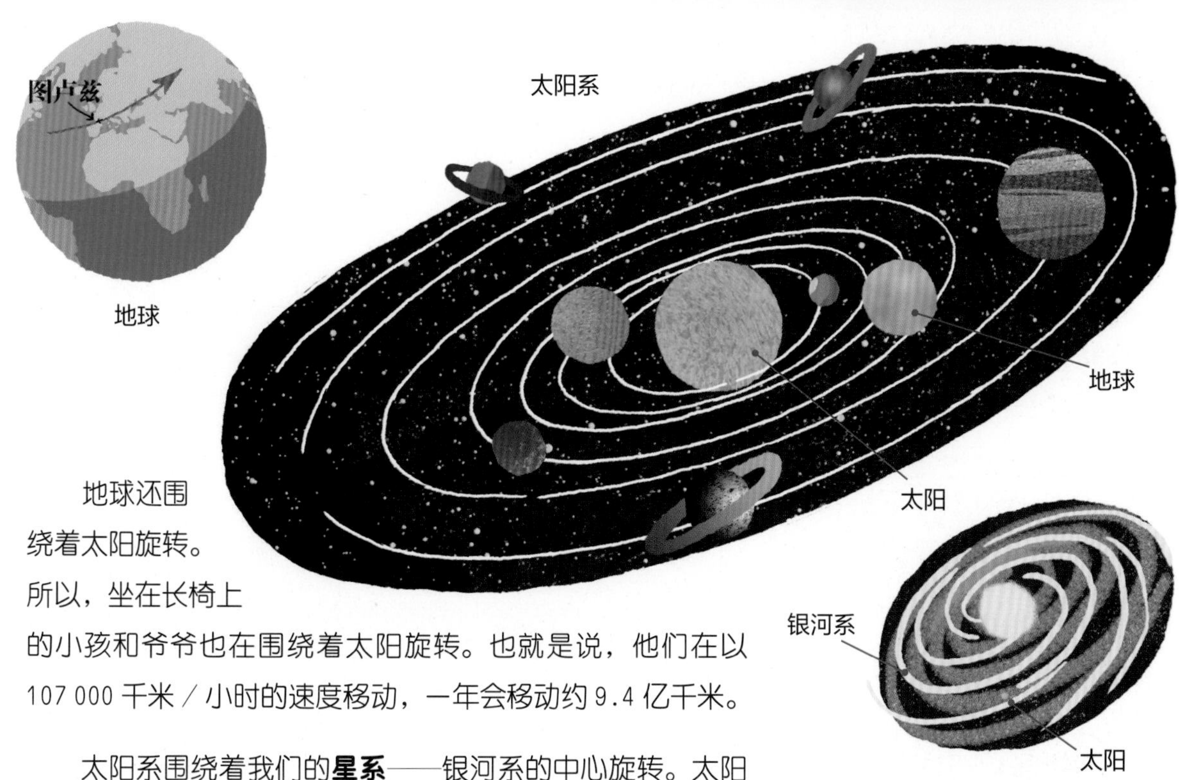

地球还围绕着太阳旋转。所以，坐在长椅上的小孩和爷爷也在围绕着太阳旋转。也就是说，他们在以 107 000 千米/小时的速度移动，一年会移动约 9.4 亿千米。

太阳系围绕着我们的**星系**——银河系的中心旋转。太阳系带着我们以超过 780 000 千米/小时的速度移动，能让我们在 2.3 亿年的时间里围绕银河系中心转一圈。

即使我们坐着也可以移动得这么快，真是太不可思议了！

物体的形状会影响它的速度吗？

赛车是为速度而设计的车辆。它的表面光滑且有弧度，这能让它更好地减少空气阻力，从而跑得更快。

当一个物体在空中或水中移动时，会受到来自空气或水的**阻力**。阻力是速度的“敌人”，因为它会使**运动**物体的速度减慢。

为了减少空气阻力并提高速度，自行车运动员和滑雪运动员都会采用团身姿势。

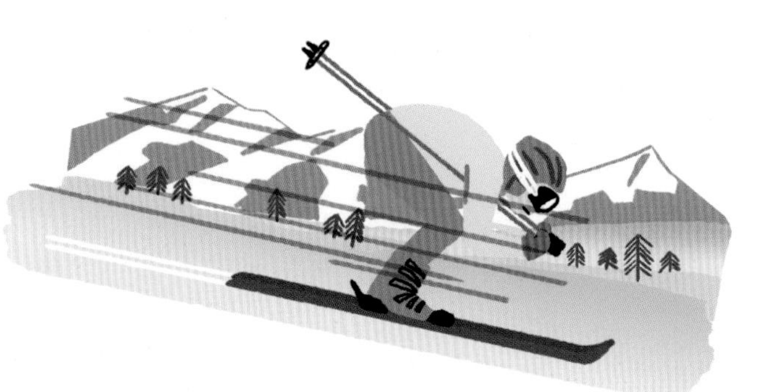

为了找到物体的理想形状，设计师们从大自然里获取了很多灵感。飞机那**符合空气动力学**的外形与鸟儿相似。而另一些交通工具，其形状的设计灵感则来自鱼儿那**符合流体动力学**的外形。

生产一辆汽车之前，为了提高汽车的**性能**，人们会在风洞里进行实验。通过在一个巨大的风道里向汽车吹风，我们可以了解空气是如何在汽车上方移动的。

小实验

测试空气的阻力

1. 从你的玩具中选两辆重量差不多的小车。其中一辆具有**流线型外形**，另一辆则不具备。

2. 将两辆小车放在起跑线上，用一根直尺将它们同时推出去。

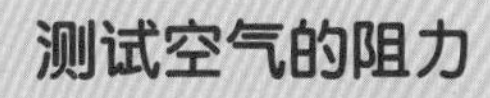

3. 流线型小车跑得更快更远，另一辆小车移动的距离则比较短，因为空气减慢了它的速度。

跑得最快的动物是什么？

动物界并没有跑步锦标赛这种东西，但是我们有办法通过测量动物们的动作来比较它们的身体**机能**。

纯种马以敏捷和速度著称，它的短距离奔跑速度能达到 70 千米 / 小时。

0.3 km/h

1.8 km/h

32 km/h

3 km/h

如果我们将动物的速度与它们的身形大小进行比较，所得到的速度排名结果会有所不同。在一秒钟里，猎豹跑出的**距离**相当于它自身体长的 16 倍。

如果按照这个标准来衡量，那么速度**纪录**的保持者是一种非常小的螨虫，它在一秒里跑出的距离能达到其体长的 322 倍。

游隼（sǔn）是一种猛禽，被认为是飞得最快的鸟。它向下俯冲的速度纪录为 389 千米 / 小时。

猎豹是陆地上的速度之王，它在奔跑中能**加速**到 110 千米 / 小时。

小实验

举办一场蜗牛赛跑

为了举办这场比赛，你需要准备一块光滑潮湿的木板，将其放在阴凉处，还需要几只蜗牛，以及一些能激励它们前行的生菜叶子！

3，2，1，出发！接下来，我们就可以好好观赏这些以 1 毫米 / 秒的速度“奔跑”的小动物了。

风是从哪儿来的？

当冷空气与热空气相遇时，便产生了风。冷热空气的温差越大，空气流动得就越快，风也就越大。

从微风到暴风，风有多种形态。我们可以通过研究风来预测天气。风有方向也有力量，这些都取决于风的速度。

很久以前，英国海军军官弗朗西斯·蒲福发明了一种测量风力的方法，他按照强弱，将风分为 0 ～ 12 共 13 个等级。0 级指的是静风，而 12 级指的是速度超过 118 千米／小时并且会造成巨大破坏的飓风。

发生在美国的一些龙卷风，风速可超过 480 千米／小时。而在法国，风速的**纪录**是 360 千米／小时。

小实验

制作一个风速计来测量风速

准备一个塑料瓶、一些沙子、几根牙签、一些穿孔珠子、三个酸奶盒、一根吸管、一根烤串用的扦子、两个软木塞。

1. 将其中一个软木塞切成三个垫片，分别粘在三个酸奶盒下，并在每个垫片侧面插入一根牙签。

2. 将扦子插到另一个软木塞里。

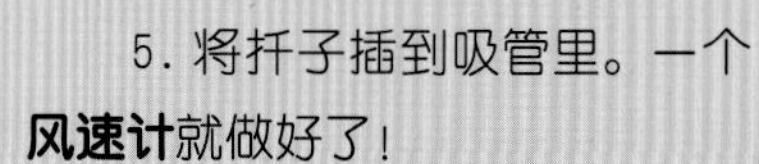

3. 用牙签将酸奶盒固定在软木塞的侧面，然后在扦子上穿一颗珠子。

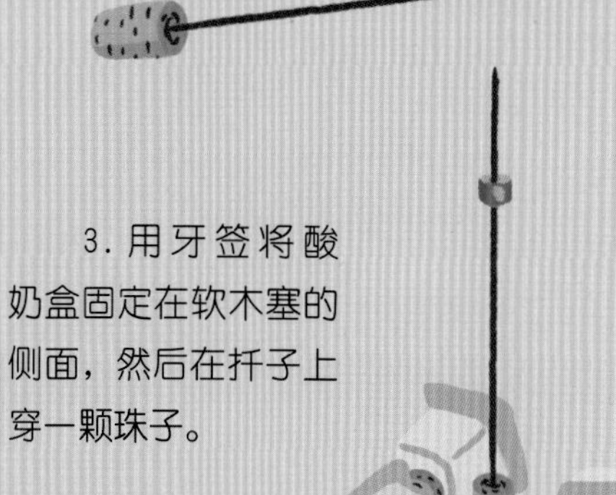

4. 在塑料瓶里装满沙子，在瓶盖上钻一个孔，然后将吸管从孔中塞进去，并插到沙子里。

5. 将扦子插到吸管里。一个**风速计**就做好了！

将风速计放在室外，我们就可以测量并记录风速了。我们需要计算酸奶盒在一分钟里转了多少圈。

什么是声障？

声障并不是一面真正的墙！当一架飞机的飞行速度超过音速时，才能穿过声障。

就像水面上的水波一样，声音是一种能在空气中**传播**的**波**。在空气中，声音每秒能传播 340 米，也就是说传播速度为 1 224 千米／小时。

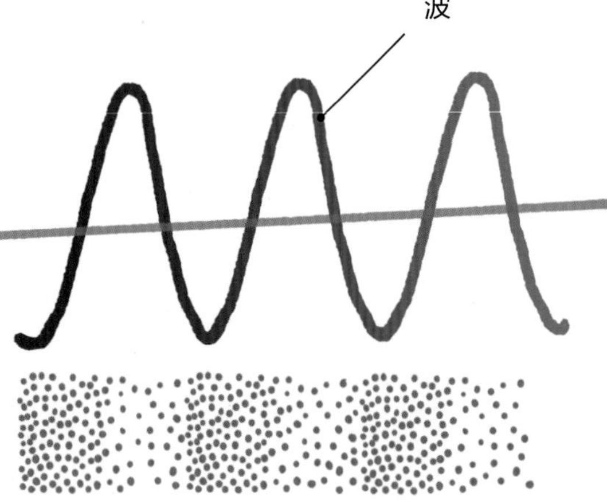

1. 当飞机开始起飞时，由**喷气发动机**产生的噪声会向四面八方传播。

2. 当飞机加速时，会逐渐追上与它同方向的声波。飞机越加速，就越会将声波**压缩**在机头前。声波堆积起来就像一道墙。

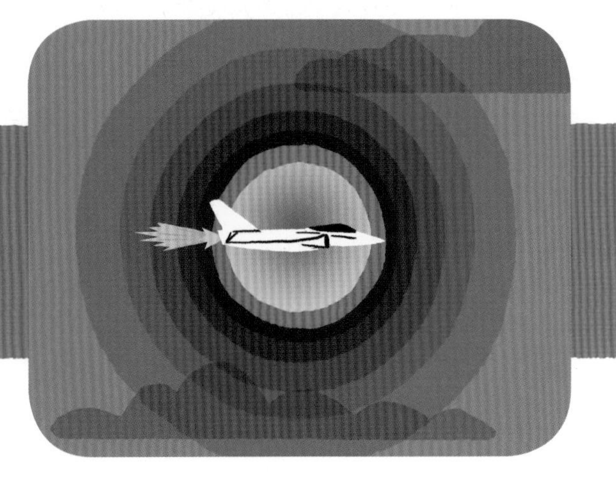

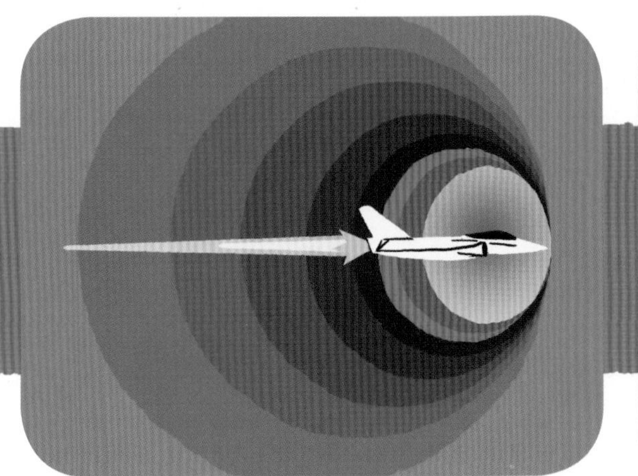

1947 年，美国飞行员查尔斯·艾伍德·“查克”·叶格在加利福尼亚驾驶着“贝尔 X-1”火箭引擎飞机，成为第一个正式突破声障的人。

3. 当飞机以 1 224 千米/小时的速度飞行时，就达到了音速。此时，飞机前面的空气被剧烈压缩。如果飞机继续加速，机头便会**穿破**声障。这会产生“砰”的一声巨响，在地面都可以听到！

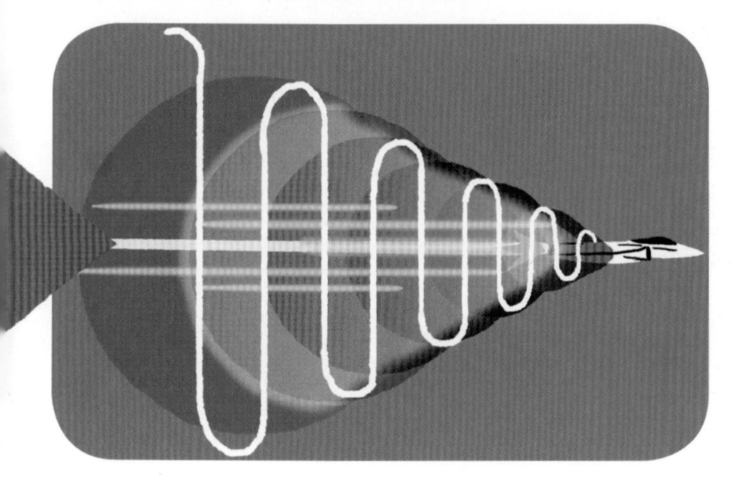

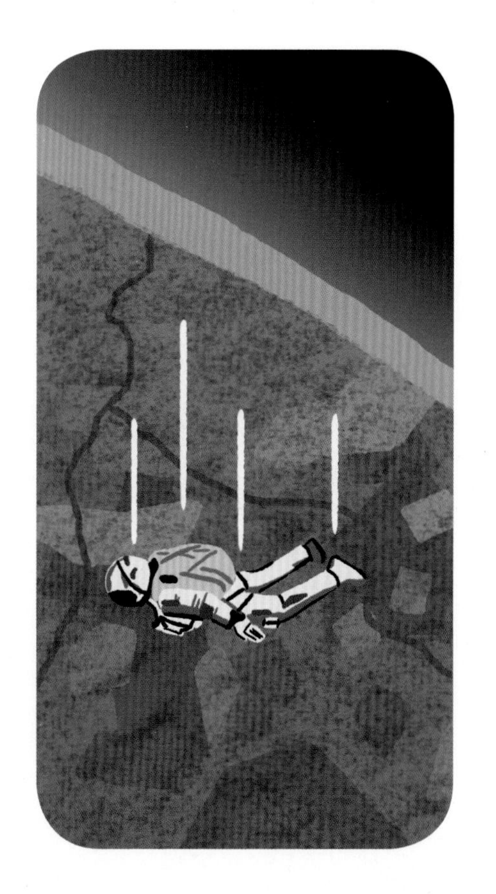

奥地利极限运动员菲利克斯·鲍姆加特纳是第一个以自由落体的方式突破声障的人。2012 年，他从距离地面 39 000 米的氦气球上跳下，在坠落过程中最高时速达到了 1 350 千米，突破了声障。

我们眨眼的速度有多快？

我们很容易想到一些超快的动物或物体能达到令人难以置信的速度。但是在速度纪录保持者中，我们的身体也占有一席之地。

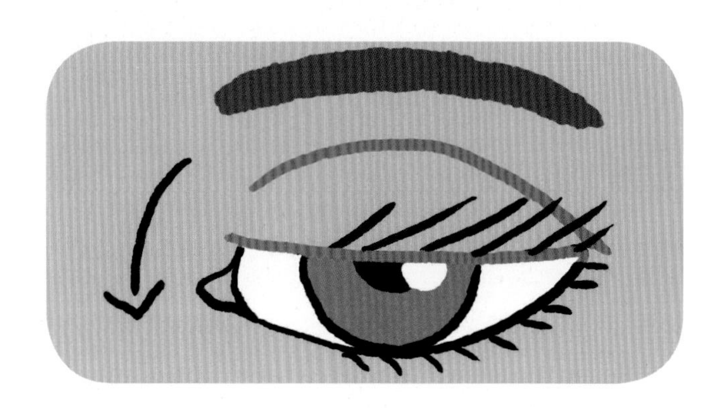

闭眼的时候，眼睑会清洁眼睛，就像汽车挡风玻璃的雨刮器一样。我们每分钟会眨眼约 15 次，每次眨眼不到一秒的时间就能完成，这足够快，所以不会影响到我们的视线。

注意，我们会打喷嚏！打喷嚏能让我们的鼻子自行清洁。为了清除外来物（灰尘、花粉、微生物等），打喷嚏这一动作发生得急促猛烈。气体会以 50 千米 / 小时的平均速度被**排出**体外，最高可达 150 千米 / 小时！

血液以不同的速度在我们的身体各处循环流动。离开心脏时，血液以 40 厘米 / 秒的速度流动。而在最细小的血管里，血液的流动速度只有 0.7 毫米 / 秒。

血液在我们身体里流动的简化路径

10 秒钟，这是血液从心脏到大脑循环一次所需的时间。

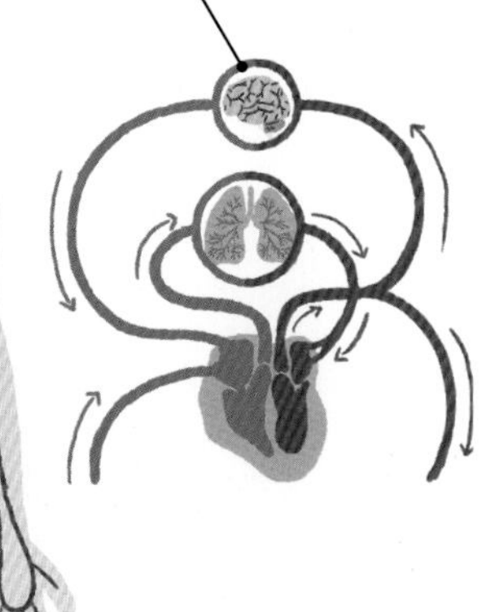

但是从心脏到腿部，一次循环大概需要 10 分钟。

我们的神经系统非常高效。因此，当我们撞到脚趾时，信息能在**百分之一秒**内就被传递到大脑。

为什么我们总是先看到闪电，后听到雷声？

雷暴发生时，我们总是先看到闪电，然后才听到轰隆隆的雷声，它们之间有一个时间差。然而，事实上，闪电和打雷是同时发生的。

闪电就像一团巨大的火花，当云与云之间或者云与大地之间形成强烈的放电时，闪电便会出现在空中。

雷声是闪电周围的空气剧烈**振动**而产生的声音。

我们之所以先看到闪电后听到雷声，是因为在空气中，光的传播速度比声音的传播速度要快。在一秒钟内，光能传播 300 000 千米，而声音只能传播 340 米。

小实验

确定雷暴的距离

想知道雷暴距我们有多远，你需要计算看到闪电和听到雷声之间经过了多少秒，然后将这个秒数乘以340。如果这个时间是10秒，就意味着雷暴在距我们3 400米远的地方。

闪电和雷声之间的时间差长短取决于我们相对于雷暴的位置。我们离雷暴越远，这个时间差就会越长；相反，我们离雷暴越近，时间差就会越短。

目前我们能测量到的最快速度是多少？

目前，我们还没发现有什么东西能比光移动得更快。光在真空中一秒钟大约能传播 300 000 千米。

第一个用实验方法对光速进行测量的人是法国物理学家伊波利特·斐索。他在阳台上安装了一台机械装置，并在 8 千米外放置了一面镜子，他发射一束光并观察光束在装置与镜子之间的往返情况。

斐索的装置

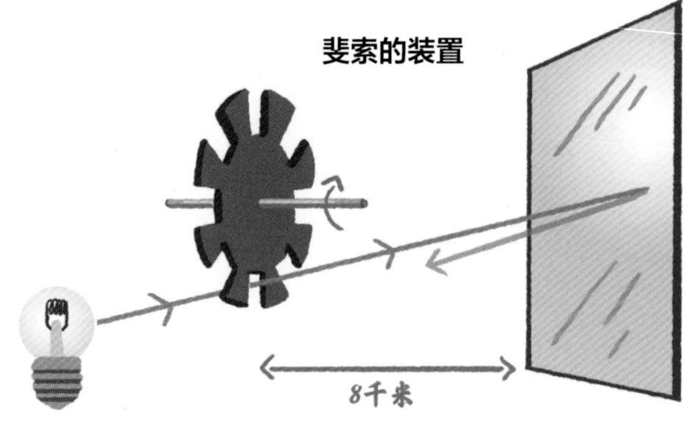

首先，光线从装置齿轮的一个齿槽中穿过。照射到镜子上后，再由镜子反射回来。接下来，斐索不断调整齿轮的转速，直到反射回来的光线恰好被与起初光线穿过的齿槽相邻的第一个轮齿挡住。

光线去时的路径

光线反射回来被挡住的路径

斐索知道，光线在两个阳台之间往返所需的时间，等于齿轮转过一个轮齿恰好挡住返回来的光所需的时间。

知道了齿轮的转速以及齿轮和镜子之间的距离，便能计算出光的速度：315 000 千米 / 秒。

后来，人们测量出光的确切速度：299 792 458 米 / 秒。在一秒钟的时间里，光能绕着地球跑 7 圈多！

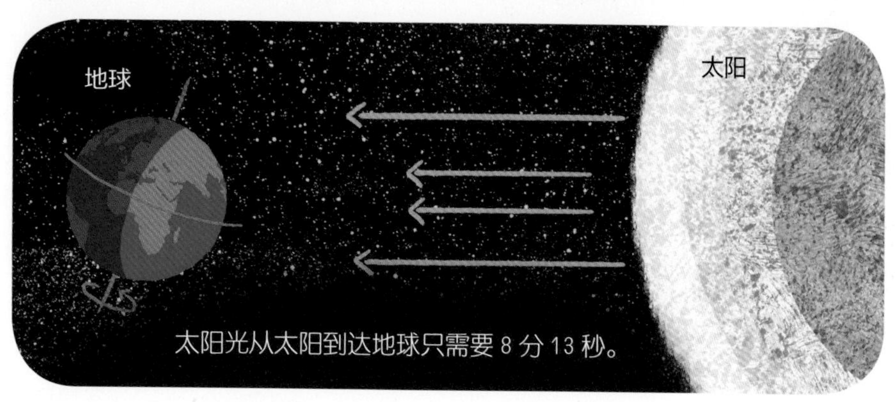

太阳光从太阳到达地球只需要 8 分 13 秒。

我们可以测量蜜蜂拍打翅膀的速度吗？

在飞行时，蜜蜂每秒拍打翅膀的次数可达 200 次。这种运动很难去观察。

为了确定滑雪者的速度，我们需要一个**秒表**来测量他滑行的**持续时间**，以及一卷米尺来计算他在该时间内滑行的**距离**。但是这种方法不能用来测量蜜蜂拍打翅膀的速度。

为了测得蜜蜂拍打翅膀的速度，我们需要最先进的相机，这种相机能在一秒钟内捕捉到 2 500 多万张图像。它还能将运动的图像逐帧分解，让我们研究肥皂泡的破裂或者蜜蜂的飞行。

小实验

再现一种运动

我们可以用**旋转画筒**来再现一种运动。制作旋转画筒的步骤如下：

1. 将半个软木塞插在铅笔尖上。

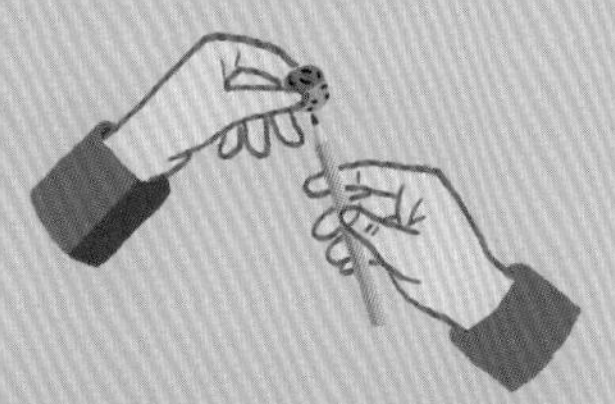

2. 将奶酪盒的中心刺穿，并用一根牙签将奶酪盒固定在软木塞上。

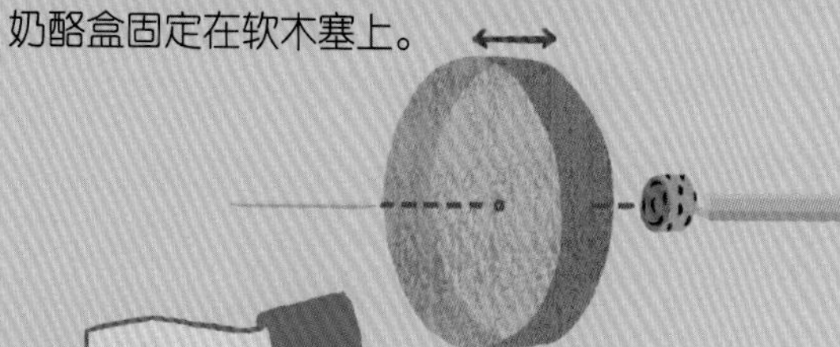

3. 将另一半软木塞插在牙签上，使奶酪盒能够转动。

4. 剪一张长度与奶酪盒的周长一致的纸条。

5. 在纸条上画一连串动作连贯的小图像。

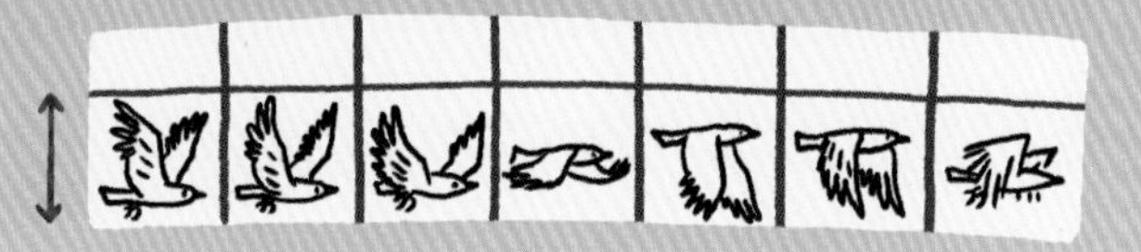

6. 将纸条高过奶酪盒的部分正反两面都涂上黑色，然后在每张图像之间剪出一个小缝隙。

7. 将画有图像的纸条放在奶酪盒内侧并用胶带固定。

你只需转动奶酪盒，就能从纸条的缝隙间看到这种运动了！

关于速度的小词典

这两页内容向你解释了当人们谈论速度时最常用到的词，便于你在家或学校听到这些词时，更好地理解它们。正文中的加粗词汇在小词典中都能找到。

百分之一秒：非常短且难以测量的时间，相当于一秒的一百分之一。

变速器：可以使发动机的功率与车辆的需求相匹配的一组传动装置。

波：以起伏或振动的形式传播的轻微运动。

步子：行走时两只脚之间的距离。

超音速：超过音速的速度。

车速限制：车辆能在道路上行驶的最高速度。

持续时间：从开始到结束的时间间隔。

穿破：穿通，穿过。

传播：散布，扩散。

传动装置：由两个或多个齿轮组成的机械装置，齿轮之间相互接触，也就是相互啮合。

动力：发动机释放的推动车辆前进的力。

短跑：短距离的快速奔跑。

发动机：可以把能量转换为机械能以带动其他机械的装置。

飞轮：自行车后轮处的齿轮。

风速计：用来测量风速的仪器。

符合空气动力学：拥有这种形状的物体能在空中移动得更快。

符合流体动力学：拥有这种形状的物体能在水中移动得更快。

幅度：步子的大小。

复合材料：由不同性质的材料组合而成的新材料。

过快：极度地、过分地快。

机能：细胞组织或器官等的作用和活动能力。

纪录：前所未有的最高成绩。

加速：随着时间的推移加快速度。

静止：物体不移动，保持不动。

居中：在两者之间且有连接作用。

距离：两点之间的长度。

雷达测速仪：一种用来监控车辆速度的装置。

链轮：自行车脚踏板处的齿轮。

流线型外形：一种特殊的外形轮廓，前部尖锐。

路线：路径，所要走的路。

秒表：用来测量时间的仪器。

耐力：机体长时间内保持动作质量的能力。

排出：急剧地或快速地令某物出来。

喷气发动机：一种特殊的发动机，功率非常大。

千米每小时（千米/小时）：速度计量单位，表示一小时行驶的千米数。

声障：当飞行速度接近音速时产生的一种现象。

相对：依靠一定条件而存在，随着一定条件而变化的。

星系：由恒星、星际尘埃和气体等组成的天体系统。

性能：机械、器材、物品等所具有的性质和功能。

悬浮：悬在地面上移动或者保持静止的状态。

旋转画筒：一种玩具，旋转观看可以见到连续的活动画面。

压缩：挤压，使靠紧、收缩。

运动：物体的位置发生变化。

振动：物体的往复运动。

阻力：阻止物体运动的力。

图书在版编目（CIP）数据

速度 /（法）塞德里克·富尔著 ;（法）夏洛特·德利涅里绘 ; 唐波译. — 北京 : 北京时代华文书局, 2022.4
（我的小问题. 科学）
ISBN 978-7-5699-4557-7

Ⅰ. ①速… Ⅱ. ①塞… ②夏… ③唐… Ⅲ. ①速度—儿童读物 Ⅳ. ①O311.1-49

中国版本图书馆 CIP 数据核字（2022）第 035626 号

我的小问题·科学 速度

Wo de Xiao Wenti Kexue Sudu

著　者 | [法] 塞德里克·富尔
绘　者 | [法] 夏洛特·德利涅里
译　者 | 唐 波

出 版 人 | 陈 涛
选题策划 | 阿卡狄亚童书馆
策划编辑 | 许日春
责任编辑 | 石乃月
责任校对 | 张彦翔
特约编辑 | 申利静
装帧设计 | 阿卡狄亚·戚少君
责任印制 | 訾 敬
营销推广 | 阿卡狄亚童书馆
出版发行 | 北京时代华文书局 http://www.bjsdsj.com.cn
北京市东城区安定门外大街 138 号皇城国际大厦 A 座 8 楼
邮编：100011 电话：010-64267955 64267677
印　刷 | 小森印刷（北京）有限公司 010-80215076
开　本 | 787mm×1194mm 1/24　印　张 | 1.5　字　数 | 36 千字
版　次 | 2022 年 5 月第 1 版　印　次 | 2022 年 5 月第 1 次印刷
书　号 | ISBN 978-7-5699-4557-7
定　价 | 118.40 元（全 8 册）